时髦实惠百变穿搭术

——日本第1时尚博主教你百变造型

（日）约克 (Yoko)　著

李鹏　译

东华大学出版社·上海

初次见面，我是 Yoko。

在博客上，我以（拍摄）照片的形式向大家介绍每天的穿搭。
因为多是价格实惠的服装，书的名字就叫做《时髦实惠百变穿搭术》。

我曾经在大型服装厂工作过，非常喜欢时髦的衣服。
辞职后结婚，虽然预算有限，却很想尝试时髦的……
实现我的梦想的，是经济实惠的穿搭。
非常喜欢优衣库和 H&M，GU，也经常去饰梦乐。

我身高 157cm，尺寸 7 ~ 9 号。绝对不是模特的身材。
在博客中，感觉尝试的穿搭即使有一点点看上去像模特一样的，转眼之间，就会有惊人
数量的阅读量。

因此，我首次为您呈上这本书。
不仅带给浏览博客的各位，也很开心地想把这本书带给更多的人。
我自己也努力想象着，通过阅读流行的各位读者，变得比现在更开心，更快乐，那该多好。

从明天开始，不，从今天开始，请一起来尝试经济、实惠又时髦的穿搭吧。

整 整 一 年 ， 享 受

贵和制作所
200 日币

优衣库
2900 日币

优衣库
1500 日币

GU
1500 日币

大爱的横条纹搭
黄色的海域风，
穿搭独特。

Spring

春

经 济 实 惠 的 穿 搭 吧 ！

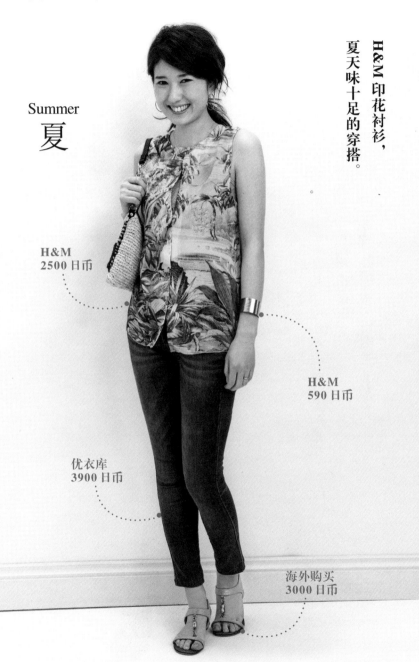

Summer
夏

H&M 印花衬衫，
夏天味十足的穿搭。

H&M
2500 日币

H&M
590 日币

优衣库
3900 日币

海外购买
3000 日币

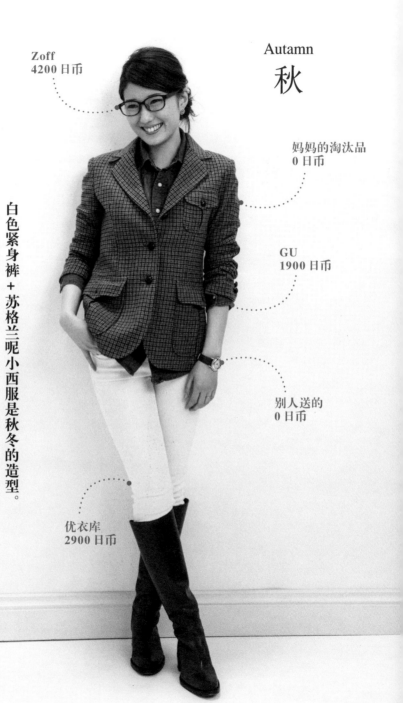

Zoff
4200 日币

Autamn
秋

妈妈的淘汰品
0 日币

GU
1900 日币

别人送的
0 日币

优衣库
2900 日币

白色紧身裤＋苏格兰呢小西服是秋冬的造型。外套是妈妈的淘汰品。GU 的牛仔衬衫增添了休闲感。

重新改造
0 日币

海外购买
1400 日币

Winter

冬

Tutuanna
380 日币

冬天的搭配很容易变得沉闷，
故特意把在海外购买的超便宜链条包
和生动的蓝色作为装饰。

Girl's Party

女孩子的聚会

有视觉感的手镯是 **H&M** 的品牌。

将自己钟爱的连身衣搭配无印良品的针织衫让人耳目一新。

无印良
1900 日币

BRAND LIST
5000 日币

H&M
590 日币

ZARA
1600 日币

H&M
1000 日币

FOREVER21
400 日币

聚会上也会大显身手的经济实惠服装。熠熠生辉的发饰，很有女人味的连衣裙，都是很实惠的价格！

Special Occasion
聚会

经济实惠的 Yoko
聪明购物法

※这本书显示的服装价格是笔者购买时的价格。
※笔者身高157CM，平时尺寸7～9号。

1

最爱经济实惠穿搭术

即使便宜，不适合的衣服再塞满衣柜也毫无意义。在寻找穿着舒适，看上去并不廉价的服饰中，找到了优衣库塑身牛仔裤，全身的行头就决定了。不知不觉无数次的购买。请大家看看我最爱的服饰和穿搭方法吧。

S h o r t 短裤 P a n t s

大爱四五年前买的 H&M 的黑色短裤。3000 日币左右。虽然码数稍微大了一点，但是利用腰带，一直都在穿着。

柔软随意的外形和光泽感，让人感到清新柔美。

短裤，为了弱化男性感，一般选择柔和线条的弧线形。上衣可以塞进（短裤），也可以放在外面遮盖体型。

和罩衫或者具有美感的上衣易于搭配，是短裤外形的优势。选择浅口无扣无带皮鞋或细带凉鞋，只是要注意不要过于休闲。冬天可以穿紧身裤。短靴也是不错的搭配。

衬衫　优衣库
短裤　H&M
搭在肩上的毛衫　优衣库
眼镜　Zoff
耳环　贵和制作所
包　H&M
手镯　Spick & Span
鞋　Fabio rusconi

H&M，材质与款式让人有流行感，是必备品。

形
喜欢不是非常合体而柔和随意的外形。不必在乎腰部和腰部周围。

材质
不是棉等无光泽的材质，喜欢有光泽柔美的。颜色的话，黑色是首选，虽然都可以搭配，但因为占全身面积少，活泼靓丽的颜色也很漂亮。

长度
比大腿最粗处稍微往下，离膝盖 20cm 左右为准。如果长度过短，会感觉孩子气，我不会选。

大爱的各种短裤
穿搭方法

只要一件可爱的
上衣，就会提升
女人味。

H&M

在（工厂库存）直销店发现了名牌上衣

有视觉冲击力的上衣和简洁的短裤，是绝好的搭配。可爱的上衣，很有喜感如预算允许，尽可能地购买。这件也是不甩卖时买来的。

上衣　Forte Forte
短裤　H&M
耳环　海外购买 1000
项链　agete
包　Spick & Span
凉鞋　海外购入　3000

是否看上去是一个完美女人?

优衣库

H&M

把西装和短裤穿成套装,
是不是有些"好女孩儿"的
味道?

有淑女味的竖条纹外套,配黑色短
裤,感受套装穿搭。如果把 T 恤
塞进短裤,并不会显得过于死板。
. . . .
外套 优衣库
T 恤 饰梦乐
短裤 H&M
耳环 FOREVER21
包 MARCO MASI
手表 丈夫的
项链 CHAN LUU
鞋 FABIO RUSCONI

其他喜欢的短裤

500日币的短裤，活泼的色彩，优雅的穿搭风格。

这个短裤打折清仓时竟然只需500日币! 虽然颜色亮丽，但因为超值所以冒险买下。上衣是白色的，小饰物统一用米色的，以突出短裤颜色的醒目。

· ·

罩衫 海外购买 3000日币
短裤 优衣库
内穿背心
海外购入 2000日币
耳环 友人手工制作
项链 LuLu frost
手镯 H&M
包 MOYNA
凉鞋 PELLICO

这是我特别喜欢的穿搭之一。黄金饰品，是否感觉到了优雅气质呢?

优衣库

即使是不太喜欢花纹的人，如果是单色的水珠花纹，貌似也能驾驭呢。

H&M

H&M

单色＋闪亮色
完全没有廉价感

质地为人造丝的短裤是黑色底色上沙粒状水珠花色。H&M 有很多带花纹图案的服装，但是不要选择过于花哨的。项链和小尖头皮鞋亮闪闪的，更显优雅气质。

. . . .

上衣　H&M
短裤　H&M
帽子　IDÉE
耳环　送的
项链　Anton Heunis
包　Spick & Span
手镯　Spick & Span
鞋　FABIO RUSCONI

S l e e v e l e s s
无袖衫

雪纺绸面料的 H&M 无袖衣非常实用。买的比平时大了 2 个号码，穿起来柔柔的、轻飘飘的是正确的选择。也购买了黑色的此款。

夏天必备品，只要一件就会有美如画的 A 字外形。演绎自然下垂的高档感。

衣服不能多穿的夏天，一件就会有美如画的上衣，非常实用。衣摆如果是宽大形状，与短裤非常的搭，塞进短裙的身材不仅可爱，即使是简单的颜色也可彰显个性。

仅仅具有下垂感的、柔和的、薄薄的面料，就会让人感到质量上乘。薄丝巾缠绕作为点缀修饰，或（在意露出的部分时）当作开衫装披在肩上，都是不错的穿搭，有不错的感觉，推荐。

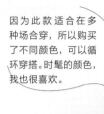

因为此款适合在多种场合穿，所以购买了不同颜色，可以循环穿搭。时髦的颜色，我也很喜欢。

面料

柔美的自然下垂褶皱的薄面料，有一定的透明感。我强烈推荐，因为便于清洗，免烫，是理想的面料。

外形

不要太紧身，衣摆的宽度要成 A 型，袖孔要宽。会超级凉爽。即使看见里面也无妨，内穿大背心即可。

长度

衣服既露出胳膊，长度又能遮盖腰部，这种外形长度比较容易取得平衡感。我们选择比合身（尺寸）大 2 个尺码的，这样，宽松而留有余地。

上衣　H&M
裤子　优衣库
耳环　Anton Heunis
项链　Anton Heunis
手镯　H&M
包　MARCO MASI
鞋　PrettyBallerinas

无袖衫
搭配方法

即便是廉价雪纺也优雅。
派对场合也可以穿着!

因为长度稍长,所以也可以如
图塞进裙子里。醒目的宝石耳环,
其实也是廉价品。很有华丽感的
搭配,一般的派对场合也适用。
(笑)

上衣 H&M
裙子 Spick & Span
项链 TOVA
耳环 SENSE OF PLACE
包 MOYNA
鞋 PELLICO

用牛仔裤和匡威运动鞋，
增加休闲感！

大爱具有优雅感上衣与牛仔裤的
混搭。穿搭时，手表也干脆用男
式的，彻底休闲。手表是丈夫在
网上购买的 SEIKO 复古款式。
我和丈夫都喜欢戴。

上衣 H&M
裤子 优衣库
帽子 IDÉE
项链 CHAN LUU
包 L.L.Bean
手表 丈夫的
运动鞋 匡威

H&M

优衣库

炎热的季节不能用围巾。有这种想法的各位可以享受一把用它来装饰!

优衣库

LOWRYS FARM

差不多 1000 日币的衬,塞入裙中,变身正统派

塞入裙中的 A 线条感相当不错。打折买的蓝裙子和灰色到白色的小饰物相搭,清爽的颜色有渐变之美。链条包和帽子的黑色带子相统一。

上衣 优衣库
裙子 LOWRYS FARM
帽子 IDÉE
耳环 Miriam Haskell
披肩 Faliero Sarti
包 海外购买
手镯 Spick & Span
鞋 FABIO RUSCONI

H&M

优衣库

在 H&M 淘的，增加夏日氛围的植物花纹无袖上衣！

因为想入手比较流行又实惠的衣服，所以偶然发现植物花纹的无袖上衣就毫不犹豫地买下！2500日币左右。稍微有点儿冒险的花纹，但是价格亲民，所以毫不犹豫尝试挑战。

· ·

大领背心（上衣）H&M
裤子　优衣库
耳环　友人的手工
项链　CHAN LUU
包　Spick & Span
手镯　Spick & Span
凉鞋　海外购买（3000 日币）

海外购买

盛夏的单色穿搭，是成就凉爽的日子

和黑色的蝴蝶结领带相配，色差鲜明的上衣，在海外买的，3000日币左右。非常喜欢与肤色有差异的单一色，有种帅气温和的感觉。

· ·

上衣　海外购买（3000 日币）
短裤　LADY LUCH LUCH
耳环　Anton Heunis
项链　MARGARET HOWELL
包　海外购买
手镯　Spick & Span
鞋　FABIO RUSCONI

025

S k i n n y 修身裤 P a n t s

优衣库的直筒（铅笔）牛仔裤是必备的，比GAP要便宜，比饰梦乐要简洁，因而非常易于搭配。
有各种不同的颜色，所以买了3条不同颜色的。

6条中有4条是优衣库品牌！
都是到脚裸的九分裤

修身裤有6条，优衣库、饰梦乐，还有贵一点的GAP品牌。因为都是在膝盖处变形，所以如果价格实惠的话，可以毫不在意地更换。购买不同颜色的、微妙色差的修身裤，绝对不会给钱包造成负担。虽然修身裤有弹性，原则上尽量买小一点的，但是我总是买正好合身的。因为对腿形没有自信，所以总是买稍微宽松一点的比较放心。（笑）丈夫的手表也是参考海外名流流行快照。

正式的横条纹上衣用斜挎的红色来平衡。

号码（大小）

因为直筒款式非常出效果。太紧身的可能会看上去有体型裤的感觉，我选择稍微宽松的，购买比紧身大一号的。

颜色

稍微有褪色感的靛蓝、黑色等。

长度

至脚裸以上。如果有需要，在优衣库可以外翻改短，但是改出的效果不是很好，我就自己内折，然后让优衣库锁边。

上衣 **海外购买** 5000
裤子 **优衣库**
手持风衣 ANGLOBAL SHOP
眼镜 Zoff
耳环 友人制作
项链 Agete
包 海外购买
手表 丈夫的
旅游鞋 New Balance (NB)

大爱修身裤的穿搭

GU

优衣库

同款"海军蓝"修身裤的柔美穿搭

修身牛仔裤配风衣，脚穿带有花纹的敞口鞋，是我最爱的搭配方式。棉针织的"海军蓝"我觉得更容易穿搭出柔美。犹豫着H&M的蛇皮花纹鞋子，最后还是选择了脚上穿的这双。

. . . .

风衣 ANGLOBAL SHOP
衬衫 GU
内穿大背心 ANGLOBAL SHOP
裤子 优衣库
包 海外购买
手链 CHAN LUU
手表 送的
鞋 Pretty Ballerinas

酷酷的黑色牛仔裤和柠檬
色衬衫的色彩搭配

与 26 页的裤子颜色（灰色）不同，
这条是黑色。与方格衬衫、毛衫
的色彩搭配，才发现，全身都是
优衣库和 GU 品牌。（笑）

· ·

衬衫 GU（男式）
搭在肩上的毛衫 优衣库
裤 优衣库
帽子 IDÉE
项链 CHAN LUU
鞋 FABIO RUSCONI

S h i r t s 衬衫

大爱的牛仔衬衫是GU的男式S号。在女装处没找到，却在男装处找到了厚实布料的牛仔衬衫。1900日币左右。

经常会穿无印良品有机棉水洗衬衫。薄薄的弹性面料，尺寸大小，都刚好适合我。

▍（不搭配）单独使用的是男式宽松式，搭配使用的是女式合体衬衫。

如果是单穿，选择稍稍宽松的尺寸。即使过长些也没关系，因为只要塞进裤子，就会有紧腰宽胸式的效果，男式衬衫也大有用处。经常借用丈夫的衬衫，卷起袖管穿。

相反，如果内穿的衬衫，要露出衣摆，不宜过长。我多选择薄而紧身、尺寸大小正好的衬衫。

因此，不管多廉价，绝对要试穿。

袖

如果尺寸偏大，袖子则往
往过长。因此，可以自由
随意地卷起调节。

宽度

肩部稍稍落下，但尽可能
不要有大衬衫的感觉，把
衣摆部分折叠塞入下装
中，来解决拖沓感。

长度

因为过长，将衣摆折叠。
因为是比较硬的面料，可
以确保其折叠的形状。薄
面料如果下垂的话，就塞
进下装里，形成紧腰宽胸
式效果。

衬衫　GU（男式）
裙子　饰梦乐
帽子　IDÉE
耳环　友人制作
项链　agete
包　海外购入（3800 日币）
手镯　H&M
鞋　FABIO RUSCONI

大爱的衬衫
搭配方法

GU

优衣库

秘诀是：穿男性衬衫搭配有女性味的小饰物

牛仔面料的上衣上搭配珍珠项链，形成不一样的视觉效果。工作时候买的 Faliero Sarti 的披肩起了作用。为了没有厚重感，露出手腕和脚裸。

· ·

衬衫 GU（男式）
裤 优衣库
围巾 Faliero Sarti
项链（大珍珠）手工制作
项链（小珍珠）CHAN LUU
手包 MICHEL BEAUDOUIN
敞口鞋 MAISON ROUGE

非常喜欢的白衬衫+白上衣的组合! 这些足以让人感觉到流行气息。

宽度

如果是内搭,可以选择比合身稍稍小一点儿的尺寸,这样没有拖拉感。要点是袖孔稍窄。

面料

纯白有弹性的水洗棉,仅仅衣领和袖口就足以给人以清爽感。薄薄的清爽干净的面料是购买的理由。

长度

长度正好要在胯骨上下。外穿毛衫或上衣时,要把衣摆露出,长度的拿捏非常微妙。

衬衫 无印良品
裤 优衣库
毛衫 Ralph Lauren
眼镜 Zoff
手表 丈夫的
项链 CHAN LUU
耳环 友人制作
鞋 FABIO RUSCONI

灵活应用丈夫的牧师衬衫变
正式的穿搭

衬衫是丈夫在二手店发现的，
BEAUTY&YOUTH 品牌。丈夫也
喜欢廉价实惠。这套穿搭，宝石
项链和高跟鞋增加了女人味。穿
上紧身裤也会很漂亮。

· ·

衬衫 丈夫的
裙 Spick & Span
项链 BEAMS
包 海外购买
手镯 Spick & Span
短靴 L'autre chose

很喜欢无印良品衬衫，因为是棉布的。

去年打折时买的 1900 日币的棉布衬衫，看上去比白色稍黄，呈米色。针织衫是 H&M 的，预算的关系，之后买了无条纹的。但是觉得之前买的很有质感。

上衣 H&M
衬衫 无印良品
裙 优衣库
项链 MARGARET HOWELL
包 手工制作
手表 丈夫的
手链 手工制作
运动鞋 New Balance (NB)

无印良品

H&M

优衣库

必备横条纹上装，提升柔美感

即使只是横条纹，搭配不充分的情况下，只要横条纹内穿一件衬衫，柔美感一下子提升。裙子很飘逸，把衬衫塞进去，针织衫也可以把衣摆内折变短。

针织衫 UNITED ARROWS
衬衫 无印良品
裙 Spick & Span
项链 rada
包 饰梦乐
鞋 Pretty Ballerinas

Pencil 紧身裙 Skirt

朋友也有一条优衣库的银灰色直筒裙。附近的优衣库店卖光了，外出偶然发现并买下了仅剩一条的 S 号。

▌选择的要点是合身有自然感，也可以试着大胆另类的搭配。

　　紧身裙中，我比较喜欢紧贴双腿的铅笔直筒裙。一直以来喜欢灰色或者黑色不显廉价的素色。在优衣库也能买到，实在意外。买了银灰色，没想到竟和朋友的一样。

　　为了避免显得保守，可搭配小饰物。右图中的迷彩小包是利用裤子，把其剪短，手工制作的（笑）。

仅仅 2000 日币就能穿出如此温婉的裙子，穿搭真的是相当方便。

形

通常的造型是，下部稍稍收拢的倒梯形。很好地遮盖臀部，穿着既方便又漂亮。

尺寸

最好是非常合身的尺码。因为过于宽松肥大，下半身会有宽大沉重之感。即使小腹稍稍突出，选择稍微长的上衣完全没问题。

长度

最好的长度是隐约可见膝盖的长度。如果稍稍长的，就选择短的上衣。相反如果是长的上衣，要搭配短的（裙）。因此，可以把裙腰折叠来调节长短。

衬衫　优衣库
裙　优衣库
耳环　贵和制作所
项链　rada
包　手工制作
鞋　FABIO RUSCONI

大爱的紧身裙
穿搭

优衣库

优衣库

如果把牛仔衣系在腰间，可以遮挡腹部

一直想要的牛仔衣。今天穿的是GAP牛仔服。感觉颜色有点浅，但是穿上却有了意外的效果。短外套，这样的外形搭配非常方便。

. . . .

上衣　优衣库
裙　优衣库
系在腰间的牛仔服　GAP
针织帽　丈夫的
项链　TOVA
鞋　FABIO RUSCONI

服装总计只有 4000 日币!
仅仅是超低价, 就非常中意♪

1480 日币 GU 的夹克衫, 穿搭饰梦乐的 T 恤衫。饰梦乐的 LogoT 恤不错, 可以购买。这件竟然只有 560 日币! 裙子可以把腰部折叠变短穿搭。

· · · · · · · · · · · · · · · · · · · ·

衬衫 GU
T 恤衫 饰梦乐
包 饰梦乐
手链 CHAN LUU
运动鞋 匡威 ×MARGARET HOWELL

丈夫的迷彩衬衫，
我经常穿。看上去
很精神。

优衣库

优衣库

如果是男式（衬衫），在优
衣库购买可以不用担心和
别人撞衫。

清爽的白色和迷彩的深绿色相
搭，特别醒目。衬衫是丈夫的，
不会和别人撞衫，把衬衫塞入裙
中，不会有大的感觉。

. . . .

衬衫 优衣库（男式）
裙 优衣库
耳环 Miriam Haskell
项链 MARGARET HOWELL
鞋 FABIO RUSCONI

GU

H&M

一见钟情的宝石蓝。
打折，4000 日币以下入手

纯色的紧身裙，仅与横条纹上衣穿搭，就足以感到流行感。因为有颜色对比，我很喜欢。
. . . .

上衣 UNITED ARROWS
裙 Ciaopanic TYPY
包 饰梦乐
耳环 Miriam Haskell
项链 ANTON HEUNIS
便鞋 MAISON ROUGE

饰梦乐

过长的裙子可把腰部折叠

H&M 的紧身裙，因为过长，就把腰部卷起折叠，使其长度至膝盖。经常在杂志上看到向往的半袖 + 羽绒马甲穿搭，在 10 月温暖的日子尝试了一下，有点儿热……（笑）
. . . .

羽绒马甲 无印良品
T 恤衫 GU
裙 H&M
项链 CHAN LUU
耳环 海外购买（1000 日币）
鞋 FABIO RUSCONI

用小物品来变化紧身裙的基础穿搭！

效果前

41 页穿的 H&M 的紧身裙（990 日币左右）和优衣库的横条纹针织衫（1500 日币左右）。不管裙子还是上衣，对我来说都有点长，如果保持原长度穿的话，会有邋遢之感。

保持裙原有长度，把上衣塞入裙内

裙子长度超过膝盖时，把上衣变短，整体平衡感会很好。如图把上衣塞入裙中。

眼镜 Zoff
耳环 贵和制作所
手镯 Spick & Span
鞋 H&M

风衣有点男性化装扮

初春常见的搭配方法。风衣搭配绅士礼帽，运动鞋打破了平衡感，腰带在后面系成蝴蝶结。袖口处横条纹露出，袖子卷起。

风衣 ANGLOBAL SHOP
帽子 IDÉE
耳环 友人手工制作
项链 CHAN LUU
运动鞋 匡威

柠檬黄的包是简洁的亮点

小尖头皮鞋的闪亮色和包的柠檬黄增加了夏天的清爽感。裙子向内两折，调整至膝盖长度。

包 H&M
耳环 贵和制作所
手镯 Spick & Span
鞋 FABIO RUSCONI

黑白的横条纹和黑色紧身裙穿搭，是基础中的基础。
如果只是如此穿搭，也仅仅是极其一般的穿搭，随着与小物品
和马甲背心的穿搭，风格会耳目一新。

用黄褐色和金色相搭
使单一变成对比

代替首饰的链条包斜挎
着。GU 的灰绿色廉价夹
克衫，金色链条，还有柔
和的高跟短靴，都显示出
女人味。

· · · · · · · · · · · · · · · · · · · ·

夹克衫 GU
眼镜 Zoff
耳环 友人制作
包 海外购买（1400）
短靴 L'autre chose

珍珠项链带来点点
华丽

连帽卫衣和便鞋是彻底
的休闲风。如此简洁朴素
的穿搭只是加上了珍珠项
链，就稍显华丽。

· · · · · · · · · · · · · · · · · · · ·

连帽卫衣 Traditional
眼镜 Zoff
耳环 友人手工制作
项链 CHAN LUU
便鞋 MAISON ROUGE

裙内折，用与内衣有
色差的开衫来加分

裙的腰围处稍许内折，上
衣的下摆也塞入裙中。可
能会有高腰的感觉，但
我想很有当下的流行味道
呢。鲜艳的黄绿色开衫与
内衣的色差恰到好处。

· · · · · · · · · · · · · · · · · · · ·

开衫 优衣库
项链 BEAMS
便鞋（懒汉鞋）HARUTA×VIS

褐色的羽绒马甲背心
展示成人的休闲

休闲随意的羽绒马甲背心，
如果是无光泽的褐色，就
会时髦漂亮。上衣的袖子
稍稍松松地卷起，自如的
潇洒感就会油然而生。

· · · · · · · · · · · · · · · · · · · ·

羽绒马甲背心 无印良品
包 海外购买（1400 日币）
眼镜 Zoff
项链 Lulu FROST
包 H&M
鞋 FABIO RUSCONI

（熨烫）挺括的裤子
Trousers

我 7 年前在加拿大留学时买的 Club Monaco 品牌的裤子，现在也非常喜欢。打折后 15 美元。最近在纽约也发现了类似的裤子。

▌虽然便宜，但具正式感。
▌一年中，不管是正式、非正式场合都非常百搭。

稍稍的宽度可以遮盖体型，还可以展示身材的熨烫过的锥形裤。原本是和高跟鞋搭配，即使没有高跟鞋，夏天穿上平底凉鞋，看上去也同样有瘦瘦的唯美线条，穿搭方便。短靴也很百搭，3 个季节都非常适合。

因为（熨烫锥形裤）的价格多数比较贵，所以看到廉价实惠又合身的，往往决意购买。

衬衫 GU
裤 Club Monaco
耳环 贵和制作所
项链 MARGARET HOWELL
眼镜 Zoff
包 Spick & Span
手表 丈夫的
凉鞋 海外购买（3000 日币）

很喜欢的灰色 + 黄色的穿搭。让裤子的格子不显单调。

尺寸大小

能看见腿中心的裤线，会产生瘦腿效果，裤子不宜过紧。但是如果过于宽松肥大，会有拖沓感，所以以刚好保留裤线的宽松度为准。

长度

能看见脚裸的九分裤很易于穿搭。和短靴搭配，能看见裤子和短靴之间的腿的部分，会更显轻松俏皮。

形

喜欢到裤脚渐瘦的裤线形。很适合我这样小腿上窄下宽的体形，对大腿胖的朋友也是不错的选择。

大爱的（熨烫）挺括裤
搭配方法

GU

优雅的（熨烫）
挺括裤搭礼帽，
完美至极。

纯色的毛衫和（熨烫）挺括裤
相搭，毫无孩子气，看上去质
量上乘。裤子和短靴搭配可见
脚裸的长度，非常喜欢。

. . . .

毛衫　海外购买（2900 日币）
裤　Club Monaco
帽子　GU
耳环　FOREVER21
项链　Lulu FROST
手表　丈夫的
短靴　L'autre chose

优衣库

饰梦乐

560 日币的 T 恤衫，是毫无疑问朴素的休闲风

简洁单调穿搭时，我想选用格伦花呢最好不过。夹克衫和花 560 日在饰梦乐购买的稍厚实的 T 恤衫相搭，绝对的休闲风。

· ·

夹克衫 优衣库
T 恤衫 饰梦乐
裤 Club Monaco
眼镜 Zoff
手表 送的
包 海外购买（3800 日币）
鞋 FABIO RUSCONI

（熨烫）挺括裤搭配方法

冬天，如果不知道穿什么衣服，那就首选横条纹。简单易配却不同反响。

还没有脱掉外套的日子，穿搭横条纹，轻松随意。

秋冬，在外很长时间的日子，从外套里面露出的横条纹成了很好的点缀装饰。与（熨烫）挺括裤搭配，是成熟的穿搭。这件横条纹的高领衣是 3 年前在优衣库买的。

·······················

风衣　ANGLOBAL SHOP
毛衫　优衣库
裤　优衣库
眼镜　Zoff
耳环　Anton Heunis
包　海外购买
短靴　L'autre chose

优衣库

优衣库

优衣库

即使是平底鞋，也有高跟鞋同样的柔美线条！

虽说休闲风格的搭配看上去显瘦，但与（熨烫）挺括裤搭配更显成熟的柔美。即使是平底鞋，像高跟鞋一样，足尖部逐渐变窄变瘦，唯有有（熨烫）挺括裤穿搭才显效果。

· ·

毛衫　优衣库
裤　优衣库
项链　Anton Heunis
包　海外购买
手链　CHAN LUU
鞋　Pretty Ballerinas

优衣库

略带甜美的蕾丝上衣搭配（熨烫）挺括裤

白＋米黄色的正统穿搭，服装仅仅 5000 日币左右。在色彩上，红色的包是海外购买的。（熨烫）挺括裤虽然廉价，却显得高档。你觉得呢？

· ·

衬衫　海外购买（2500 日币）
裤　优衣库（同左）
耳环　友人制作
包　海外购买（3800 日币）
手链　CHAN LUU
鞋　FABIO RUSCONI

M i n i 超短连衣(裙) D r e s s e s

在 H&M 买的聚酯纤维的超短连衣（裙）。简洁的款式，短短的袖，前短后长等细节，非常喜欢。

如此实惠的价格，却能多样超值搭配！
向 H&M 的超短连衣（裙）致敬！

如此可爱的花纹，却只有1500日币左右！真的是让我惊讶。不易起皱的聚酯纤维可以用腰带束腰，很有异域风情，或是干脆塞入裤内。这是丝绸面料所不能的。（笑）当然随意穿也很喜欢。

H&M 有很多当下流行的颜色和花纹的超短连衣（裙）。虽然有点短，但是搭配方式有很多种。一见钟情很重要，对衣服的选择起着很大的作用。

颜色

H&M 有很多个性十足的各色花纹超短连衣（裙）。喜欢一件 2000 日币以下的，决意买下。如果便宜会毫不犹豫买下，大胆尝试。

面料

丝绸感的聚酯纤维。只穿一件不仅落落大方，还有罩衫之功效，没有廉价之感。

长度

即使穿一件也有点勉勉强强的长度，我的穿搭能力是我选择的理由。不必在乎别人的视线，尽可能的活动，我在里面穿了一件米色的短裤。

连衣裙　H&M
耳环　贵和制作所
项链　agete
手镯　H&M
包　海外购买（1400 日币）
凉鞋　See by Chloe

大爱的超短连衣（裙）的
搭配方法

H&M

如果想紧腰宽胸式，那么就束腰。聚酯纤维面料，不容易起皱!

紧腰宽胸式，束腰风格。
白色的裤子增加了美感。

用腰带束腰，和白色的裤子穿搭，一下子就会有清清爽爽的感觉。要注意腰带的位置，如果低的话会显得上身长。珍珠耳环如果能和帽子相搭，我想会是不错的选择。

· ·

连衣裙 H&M
裤 优衣库
耳环 友人手工制作
项链 agete
包 Spick & Span
腰带 优衣库
手镯 Spick & Span
凉鞋 海外购买（3000 日币）

优衣库

这样穿搭，能看出是裙子吗？这个超短连衣（裙）真是万能！

H&M

和短小的上衣叠穿，变成了半截裙

上面叠穿的衣服，须与裙中花纹中有的颜色一致，这样会有协调的感觉。小饰物全部选择黑色，穿搭就很协调。脚穿便鞋，大胆尝试休闲风。

上衣 TOMORROWLAND
连衣裙 H&M
项链 CHAN LUU
包 海外购买
手镯 Spick & Span
便鞋（懒汉鞋）HARUTA×VIS

Maxi 长至脚面的连衣裙 Dresses

在 GU 发现的 1300 日币的长至脚面的连衣裙。比起尺码，我倾向于它的长度，所以选择了它。自然的雪花状，非常符合我的审美，很喜欢。

不要在乎长度和颜色，仔细淘，在 GU 会有所发现!

虽说廉价的脚面连衣裙有很多，但并非喜欢的灰色……在 GU 发现了非常合适的雪花片脚面连衣裙。

决定购买，是因为颜色和盖住脚裸的长度。微妙的线条虽然没有昂贵名牌的效果，但是如果用围巾叠穿或搭配，会有不错的效果。

脚下是平底凉鞋或是运动鞋。基本上不太搭高跟鞋。

连衣裙　GU
搭在肩上的毛衫　优衣库
耳环　贵和制作所
包　Spick & Span
手链　CHAN LUU
凉鞋　海外购买（3000日币）

外形

因不在乎过多外露，所以
选择半袖。比起无袖，半
袖更成熟容易穿搭，而且
穿的时间比较长。

又是使用横条纹！这样
的穿搭，让视线集中在
上面了。感觉肚腩也变
得不明显了（笑）。

颜色

首先因为长度长，如果是
黑色夏天，会给人以沉重
感。还有，考虑到和色彩
搭配问题，买了灰色。我
想这个颜色易于和其他色
彩搭配，选择正确。

长度

因为是平底鞋，距地面
3cm左右的长度，我觉得
漂亮、合适。过长的话不
方便走路。

喜爱的脚面连衣裙
穿搭

用亚麻的夹克衫来防晒。短的小上衣会更显身材。(笑)

GU

选择上衣要选短一点的。

夏天外出经常披件7分袖的夹克衫。与棉衬衫不同，亚麻独特的张力，掩盖了面料的廉价感。

....

夹克衫 NOMBRE IMPAIRI
连衣裙 GU
耳环 贵和制造所
太阳镜 FOREVER21
包 L.L.Bean
运动鞋 匡威

紧腰宽胸式，不需要其他穿搭也柔美大方

用细细的腰带束腰。让人感觉，保守风格的脚面长裙，一下子风格改变了。为了看起来上身不长，腰带要系在正好腰部的位置。

. . . .

连衣裙 GU
耳环 贵和制作所
项链 Anton Heunis
帽子 IDÉE
包 海外购买（4000 日币）
鞋 FABIO RUSCONI

将脚面连衣裙大胆地变成紧腰宽胸式。有没有柔美大方的感觉呢？

GU

经济实惠的全部家当 Q&A

回答在博客中大家的提问，如果能对您有帮助，不胜荣幸。

Q1

经济实惠的毛衫会起球吗？

毛衫频繁穿着无论如何都会起球，在超市购买电动的取毛球器来打理。用剪刀剪的话比较花费时间，用手揪的话毛球还会增加……

Q2

经济实惠的下身服装透明吗？

我并不觉得透明……但是白色薄的服装口袋有时候会透明，所以要选择面料厚实些的。牛仔裤的口袋没有问题，但是下装的话，一点点走光也会很难堪，所以还是内穿米色的防走光短裤比较好。

Q3

有污点的衣服要扔掉吗？

实惠的话，不用扔掉。有叫做 THE LAUNDRESS 品牌的「STAIN SOLUTION」（衣物去渍）很好用。滴在污渍上可以洗，可以手洗，也可以用洗衣机清洗。对于经常弄脏衣服的我是不可缺少的家当。

Q4

每月购买服装费用是多少？

没太计算过，我想努力花费到15000日币（笑）。但是，不包括鞋子（笑）。在服装公司工作期间，职场装开始购买我花了10万日币，现在不会了。

Q5

在网上买衣服和鞋子吗？

我想尺寸大小还有穿着的整体感都很重要，虽然很想挑战，但是不试穿没有勇气买……如果买了颜色不同的……

Q6

即使很冷，也卷袖子吗？

初秋有时候卷袖子会很冷。露出的毛衫和衬衫可以翻在外衣袖口，我觉得是不错的感觉。

Q7

整整一年内衣都穿大背心吗？

虽然秋冬季节很想穿温暖的男式背心，不经意看到了也不太好吧……我的话，穿那种即使被看见也无所谓的薄款保暖内衣叠穿在里面！

Q8

什么时候选择购买服装？

有时候是心情不错外出的时候，就在当天，心情和天气都不错就购买了。如果不看天气预报，只靠早上体感温度来决定的话，经常会失败（笑）。

2

提升实惠服装档次，
我的流行法则

面料、外形都不过如此，但是正是如此的服装，
因微妙的整体感和巧妙的穿搭，整体感觉也发生了改变。
是把饰梦乐错搞成 Deuxieme Classe 时的感动！如何让人们
把如此廉价的东西看上去如此高档呢？
尽管有失败，我还是渐渐发现了我的穿衣法则。

我的法则 1

绝对追求完美的
尺寸（型号）

经济实惠类服装，为了让不同年龄和体型的人穿着，不被流行左右的传统款式比较多。服装本身，没有特点，很普通，但是因不同的穿搭而有流行感，是我乐此不疲的动力。

因此，我在购买经济实惠服装时，即使是大甩卖的超便宜服装，只要符合我的身材，均码的上装下装我都不断试穿。

比如，手边的牛仔裤穿搭均码的上衣，绢网纱裙和紧身毛衫等。和紧身裤也搭，和宽松的半身裙也能搭配，是我想反复推荐的上衣。有时会买两个型号。我就是这样用适当的价格购买实惠的服装！

介绍一下我的如此追求完美形象的穿搭！

是不是有点儿过于素雅？可以用珍珠项链来装饰！！

宽度

腰部，腰周围要有一定的宽松度，选了大一号的尺寸。和很紧身的下装穿搭，一张一弛，更显腿部的修长。

长度

和牛仔裤相搭时，选择遮挡胯骨的长度。如果想穿短的上衣，要露出里面内穿的衣服，来遮挡腰部。

如果是紧身的尺寸（型号）

全身紧的，腰和大腿部分就会很醒目。我想如果是身材很好的人可以如此穿搭！

紧身裙搭
宽松上衣

选择厚实面料的横条纹上衣，非常绅士大气。

无印良品

优衣库

男性上衣也大有用处

面料厚实的男性上衣是无印良品的。剪掉衣襟做了修改。紧身裙和上衣比较容易协调统一。休闲穿搭，用珍珠和皮包修饰，稍显成熟韵味。

· ·

上衣 无印良品（男）
裙 优衣库
耳环 送的
项链 rada
包 MARCO MASI
运动鞋 New Balance (NB)

衬衫 + 裤 的 简洁组合和彩色浅口皮鞋搭配，绝对完美。

优衣库

优衣库

要露出衬衫的衣襟，盖住髋骨附近

如此穿搭，大显身手的是优衣库稍长的衬衫。代替首饰的斜挎在肩上的链包是海外淘的廉价品。浅口皮鞋是在二手店买的，竟然只有 500 日币！

衬衫　优衣库
裤　优衣库
耳环　友人手工制作
包　海外购买（1400 日币）
鞋　二手店购买（500 日币）

蓬松有扩张感的下装
与短上装搭配

人生第一件绢丝纱裙! 便宜入手, 幸运!

宽度
与很宽松的裙子搭配的毛衫, 选择稍稍贴身的。因为关注宽松的下装, 所以不必在意腰部周围。

长度
为了不破坏下装的动感, 上装衣长到髋骨以上是最为理想的。目测能露出裙的皱折部分为最佳。

如果是长的毛衫
失去了裙子的宽松动感, 上身看上去很长。

饰梦乐

毛衫 H&M
裙 饰梦乐
耳环 Miriam Haskell
项链 BEAMS
包 海外购买
短靴 L'autre chose

这个大背心是 6 年前买的。因为对格子毫无厌倦之感，所以穿了很长时间。

衬衫稍短会很协调

这件优衣库的褶皱裤因为腰围周围很宽松，所以选择稍短的衬衫。轻巧的无袖衫，即使人不是很瘦，穿着也很清爽。

衬衫　TOMORROWLAND
裤　优衣库
耳环　贵和制作所
项链　MARGARET HOWELL
手镯　Spick & Span
凉鞋　PELLICO

优衣库

如果是长衬衫

本来打算遮盖体型，但是看上去整体显得肥胖。

稍长的衬衫塞进裙裤中

饰梦乐

上下装一共 **2500 日币**，超廉价穿搭。衣襟的改变给人带来柔美感。

衬衫和短裤加在一起 2500 日币，超廉价! 如果衣襟外露，给人感觉就好像家居服，所以要塞在里面才显出柔美。也可以把衣襟打结制造出紧腰宽胸的效果。为了使胸部有很自然的感觉，解开了两粒扣子。

· ·

衬衫　H&M
穿在里面的大背心　海外购买
短裤　GU
眼镜　Zoff
耳环　TOMORROWLAND
项链　MARGARET HOWELL
懒人鞋　UNITED ARROWS

H&M

GU

男式 T 恤衫改装的紧腰宽胸式

把 T 恤衫衣襟塞入腰部，从外拉紧让其有蓬松的下垂感。仅仅两侧的衣襟塞入下装腰部有时就会有蓬松感。细细的腰带不可缺少。

· ·

T 恤衫　丈夫的
裤　饰梦乐
腰带　Urban Research(厂家直销)
帽子　IDÉE
项链　MARGARET HOWELL
耳环　贵和制作所
手链　CHAN LUU
鞋　二手店购买(500 日币)

大爱丈夫的服装!
男士服装有意想不到的妙用

　　衬衫、毛衫以至于T恤衫,实际上我的穿搭中常常有丈夫的服装。这种独特的酷酷的颜色,有点粗糙感的面料,我非常喜欢,所以非常想购买。丈夫穿的是男装S～M号。如果我拿来就穿的话过大,只需稍作变化即可:或把对襟毛衫,衬衫系在腰间做成紧腰宽胸效果,或把衣摆塞进下装。为了让衬衫肩部部分自然垂落,把衣摆拉直,要卷起袖子。

　　从结婚之后,就一直和丈夫去男装卖场兜逛。发现了男装有女装所没有的设计细节,竟有意想不到的妙用!

我的法则 **2**

卷长袖，控制服装长度

时装杂志模特的长袖一定是卷起的哦。我想让大家看见骨感的部分，确实看上去瘦，所以就拿来模仿。

实惠服装大多没有贵的名牌服装裁剪的漂亮外形和精致做工，所以我们要自己创造出适合自己形体的的美感。一边对着镜子，一边折（叠）卷起，来寻找和谐的长度。可能就那么一点点，我想效果将大不相同。

长裤巧妙搭配的方法是：以能看见脚裸，调节裤长的情况比较多。可以裤脚内折。露出肌肤，是因为能穿出轻松的无违和感，所以袜子要选适合浅口鞋穿的船形袜。冬天因为寒冷，有时也穿长筒袜。

穿着还不错！无违和感，整体看上去很清爽大方。

为了没有穿风衣的感觉，一定要拉起袖子。衬衫袖子要长出风衣 3 ~ 4cm，所以风衣的袖子要收紧上拉。

裤脚调整长度后就变成休闲风。如果想穿出柔美感，就把裤脚向内折。即使运动，也不会意外翻落。

夹克衫的袖子
也要卷起

内穿的衣服要长出 4cm
左右。夹克衫的袖子要
卷起。抬起手时，要看
到手臂。

GU

大爱这种休闲风
的穿搭。
非常喜欢 GU 的
超低价夹克衫。

优衣库

卷起廉价夹克衫的袖子，
提升夹克衫的品位

39 页中穿搭的夹 克衫，店里
1480 日币价格，让我大吃一惊。
虽然是普通外形，但是从袖口可
以看见内穿的横条纹，成为点缀
修饰，非常和谐。
. . . .

夹克衫 GU
上衣 优衣库
裤 优衣库
毛线帽 丈夫的
眼镜 Zoff
耳环 海外购买（1000 日币）
包 饰梦乐
便鞋 海外购买（3000 日币）

正装穿搭
西装也卷起袖子

买的优衣库的新品套装。即使 S
号穿搭也稍大，但是把上衣的袖
子和裤子的裤脚卷起，就会给人
不错的休闲感觉。

....

上衣　优衣库
罩衫　海外购买（3000 日币）
裤　优衣库
耳环　友人手工制作
项链　agete
包　海外购入（3800 日币）
鞋　二手店购买（500 日币）

优衣库

用优衣库来实现
流行套装。享受
彩色小饰物的点
缀装饰。

优衣库

和短靴穿搭
大多卷起裤脚

帽子是藏蓝色的，有点遗憾。如果有纯黑色的话，就更好了。

饰梦乐

饰梦乐

调整牛仔裤至合适长度，和短靴穿搭。

牛仔裤是 9 分长，穿上短靴几乎将腿全部盖住，所以稍稍卷起裤脚。看到脚裸，和谐感油然而生，给人以轻松的感觉。毛衫原本就是折好的形状。

....

毛衫 ANGLOBAL SHOP
裤 饰梦乐
帽子 TOMORROWLAND
耳环 朋友的手工制作
围巾 ALTEA
项链 LuLu frost
包 饰梦乐
短靴 L'autre chose

卷袖方法 3 要素

A 衬衫的袖口要卷 2 次

虽然根据袖口的宽窄来决定，但是一般折 2 次，使袖口宽度达到 3 ~ 4 cm。不要折叠得很整齐，随意地折会显得更可爱。

C 夹克衫大幅度折 2 次

厚而硬的面料卷袖不太方便的情况下，首先折 10 cm 左右，然后在折痕处再折 2 ~ 3 cm。

B 上衣轻轻提拉

并不是卷，捏着袖子在肘部上部左右拉停，使袖成为 7 分长。柔柔松软的感觉成为点缀。

我的法则 # 3

大胆使用小饰物，
展示自我风格

　　虽然非常喜欢休闲风，但是如果全
身廉价的休闲装会让人感觉过于年轻。
大胆使用鞋子和包显示不同的自我风格，
是我的基调。

　　比如，这条迷彩花纹的短裤，是
GU 打折时 990 日币买的男生长裤被我
剪掉一部分改制而成！因为裤腰稍大，
我就系紧穿（笑）。仅仅和黑色的外衣
穿搭就很有军队风的感觉。但是，我穿
了高跟鞋，我想会让人感受到我的温柔
一面。

　　相反，如果穿女性正装的裙子搭
休闲平底凉鞋或用礼帽相搭，就减少
了休闲风。有点不同诶！和如此小饰物
相搭，会意外地发现服装的魅力所在，
享受其中。

迷彩＋黑，绝配！
小饰物让我有成熟
感，大爱。

H&M 的金色大手镯，
提升了休闲服的品味和
档次。

Other

初春把上衣换成毛衫，喜
欢这样的穿搭方式。

穿上 7cm 的漆皮高跟
鞋。小尖头皮鞋的奢华
隐藏在迷彩的豪放中。

休闲服装上
装饰优雅小饰物

即使穿和包的颜色一样的黑色高跟鞋，我想效果也会非常不错。

提升打折汗衫外出着装的价值

夹克衫和裤子都是 GU 的打折商品（笑）。纯粹的休闲风，大胆地用链条包和系带的漆皮鞋来增加柔美感。这样，汗衫也可外出穿了。

. . . .

牛仔夹克 GAP
裤 GAP
针织衫 UNITED ARROWS
帽子 IDÉE
耳环 贵和制作所
手表 送的
包 海外购买（1400 日币）
鞋 FABIO RUSCONI

打破衬衫传统感的，是女人味的亮闪闪的凉鞋

蓝色系的格子衬衫和同色系的裤子，非常自然地协调统一。与这种氛围完全相反的高跟鞋和闪闪的宝石系的项链，穿搭出另类的感觉。

. . . .

衬衫 优衣库
裤 优衣库
披在肩上的毛衫 优衣库
耳环 送的
项链 BEAMS
手表 送的
凉鞋 PELLICO

优衣库

优衣库

衬衫和裤子用蓝色来统一协调，白色来增加色差！

优衣库

用高跟鞋打破
牛仔裤的和谐

优衣库

优衣库

500日币的敞口鞋打破了帅气的夹克衫穿搭风格

用红色的小尖头皮鞋，来打破夹克衫＆牛仔裤男性化穿搭的和谐。敞口鞋是500日币的二手价。（笑）漂亮的小尖头皮鞋并不输给我一向喜欢的Fabio,大显身手。

....

夹克衫 优衣库
T恤衫 GU
穿在里面的大背心 优衣库
裤 优衣库
项链 CHAN LUU
眼镜 Zoff
手表 送的
鞋 二手店购买（500日币）

优衣库

饰梦乐

迷彩短裙用毛皮来提升档次

外套上的毛皮，我把它拿下来再利用。原本是与纽扣连接使用的，我拿下来单独使用。和宝石系的项链相配，有高雅名流的感觉吧？

. . . .

毛皮　翻新改造（衣服上拿下来的）
毛衫　优衣库
裙　KBF
项链　BEAMS
包　饰梦乐
短靴　L'autre chose

我的法则 4

不用花纹图案，
用单一色来增加色差感

花色服装通常价格较高，所以喜欢的很少。原来喜欢过基本款，但都是清一色的单一色……因此，有时会有意识地尽可能去购买彩色的。即使是活泼的色彩，只要是纯色，也不会有廉价感，会给穿搭起到非常不错的点缀修饰作用。

比较容易修饰点缀的是包或者是鞋子等小饰物。首先决定基准色，然后在基准色调上选择色差要素。

右侧的上下装实在是简洁的穿搭，但配上了有色彩的毛衫，一下子就变得很有流行感了。毛衫是 ZARA 的，而且还是打折的。可以把毛衫搭在肩上或是系在腰间。生动色彩的毛衫，我们可以非常方便地使用它。

稍微有些小破损，或是变形的毛衫，如果搭在肩上，也是不错的活用哦。

ZARA

优衣库

优衣库

效果前

只有基础色调的穿搭虽然还可以，但是有些过于单调寂寥。

白色基调的
色差搭配

无印良品

优衣库

优衣库

稍显华丽的颜色，开司米很有质感

在优衣库找到了活泼深粉色毛衫。开司米手感很好，但只花了7000日币，很是意外! 和大爱的无印良品的衬衫叠穿，衣襟袖口领口都有不错的感觉。

. . . .

毛衫 优衣库
衬衫 无印良品
包 优衣库
裤 Anton Heunis
项链 Anton Heunis
鞋 H&M

大爱的蓝+白色穿搭。
衬衫袖口、领口的颜色有层次感。

这件毛衫是婆婆送给我的，对我来说是难得的好品牌。和饰梦乐的衬衫、优衣库的裤漂亮地做了"三明治"。没有项链，斜挎背包也可以。

. . . .

毛衫 Ralph Lauren
衬衫 饰梦乐
裤 优衣库
包 海外购入（4000日币）
项链 CHAN LUU
运动鞋 匡威

饰梦乐

优衣库

使用的颜色

全身要 3 种颜色以内

H&M

H&M

优衣库

海军蓝＋粉色的温柔"三明治"

去年在优衣库买的丝绸衬衫和 NB 的深蓝，中间夹上裤子的粉作为装饰做成了"三明治"。犹豫着要不要用白色，感觉粉色看上去比较温柔。

· ·

衬衫 优衣库
内穿的大背心 优衣库
裤 GAP
包 L.L.Bean
太阳镜 海外购买（2500 日币）
手表 送的
手链 手工制作
运动鞋 NB

优衣库

GAP

用明快的白黑色搭配出简洁而有朝气的穿搭

白基调上点缀黑色或明快色，是我的穿搭基调。鲜艳的柠檬花包，在 H&M 买的，1500 日币左右。用来做颜色搭配也可以，非常喜欢的颜色。

· ·

上衣 H&M
裙 优衣库
项链 rada
包 H&M
鞋 MARGARET HOWELL

暗色调
也可以用来配色

无印良品

优衣库

H&M

黑色基调的穿搭,用纯色的棉背心来形成色彩对比

本来打算降价了再买衬衫,不过,因为断货而过于心急原价购买了。成人味的羽绒背心让人感到温暖的成熟、稳重。

· ·

羽绒背心 无印良品
衬衫 优衣库
裙 H&M
太阳镜 海外购买 (2500 日币)
手表 送的
袜子 UNITED ARROWS
鞋 FABIO RUSCONI

博客好评的颜色配搭

服装的颜色，合适或者不合适，完全不必在意。比如我以前觉得不适合蓝色，但是颜色搭配师并不排斥蓝色，上衣用黑色或者白色，下装用蓝色。随着多次穿搭，我开始注意颜色的搭配。 没有绝对的适合颜色和绝对的不适合颜色。关键要搭配好。

1 衬衫 优衣库 外套 优衣库（男式）裤 饰梦乐 眼镜 Zoff 短靴 SARTORE **2** 外套 J&M DAVIDSON 毛衫 优衣库 裙 饰梦乐 毛线帽 丈夫的 眼镜 Zoff 紧身裤 tutuanna 鞋 Oriental Traffic **3** 衬衫 GU（男式）裙 Spick & Span 对襟毛衣 优衣库 袜子 UNITED ARROWS 鞋 FABIO RUSCONI **4** 衬衫 优衣库 裤 优衣库 包 海外购入（3800 日币）风衣 ANGLOBAL SHOP 眼镜 Zoff 便鞋 BEAUTY & YOUTH **5** 罩衫 H&M 裤 优衣库 项链 CITRUS 鞋 H&M

形成色彩对比、便于搭配的开衫穿搭技巧

如果使用明亮色彩的毛衣开衫，形成色彩对比，非常简单。
虽然谈不上什么技巧，但是为了改变穿搭效果，还是需要一些小技巧。

披在身上的开衫不
要左右均等，稍稍
有一点偏是关键！

技巧 1

把开衫的袖子系在胸前做成休闲状

系好毛衫前的扣子，轻轻折上后披在肩上。把开衫的袖子系在胸前做成休闲状。当然一般的毛衫也是可以的。

衬衫 GAP
搭在肩上的开衫 GU
短裤 H&M
耳环 友人的手工制作
眼镜 Zoff
手链 CHAN LUU
鞋 FABIO RUSCONI

技巧 2

打开开衫扣子，把开衫当成斗篷，成熟的味道

同样是披在肩上，但这种穿搭会给人以女人味和优雅之感。穿无袖上衣，很在意露肩露胳膊时，可以穿搭使用。

技巧 3

利用打结来代替腰带，制造紧腰宽胸效果

有时候，也可以缠卷开衫来代替腰带，达到紧腰宽胸的效果。系在腰间，让衬衫稍稍露出一点，这样整体就和谐、柔美。

即使卷起如此漂亮颜色的衬衫，也会增加颜色的对比度，成为亮点。

我的法则

5

唯有鞋子
要有所投入

　　鞋子是为了配合服装的卷起或长短变化，其形状不可以改变。质量上乘漂亮的鞋子，加上漂亮的穿（搭），确实给人物有所值之感。

　　为了能长时间穿着，购买鞋子时要请教保养方法。贴底，可以防止鞋底和鞋跟与地面的磨损，对脚也有益处。另外，可用鞋子防水专用喷雾来防止污坏和水渍（用喷雾剂有时会产生皱褶，购买时要咨询清楚）。

　　看鞋子，首先要去精品店。容易直观地看到穿搭效果，产生服装和鞋子的穿搭的印象。FABIO RUSCONI 和 L'autre Chose 的邂逅都是在精品店。之后再去百货商店鞋专柜购买。

　　虽说如此，我也穿 H&M 的芭蕾鞋和便鞋。即使廉价，很好穿搭也能使全身上下显出和谐。有技巧，很好吧。

1 UNITED ARROWS 的平底懒人鞋 12000 日币
明快的米色，而且是平底，即使盛夏也不重，一年四季都大显身手。
2 L'autre Chose 的短靴 33000 日币
卷起裤脚正好的长度。
3 MAISON ROUGE 的便鞋 7800 日币
是否选白色，非常犹豫，因为有匡威和 FABIO RUSCONI。所以选择了绿色。
4 Pretty Ballerinas 的便鞋 16000 日币
新婚旅行在巴黎买的。之后才知道在西班牙和巴西买会更便宜。受打击。
5 FABIO RUSCONI 的绑带鞋 25000 日币
乳白色的平底。匡威过于休闲的时候穿它来大显身手。
6 See by Chloe 的凉鞋 25000 日币
上班公司做职员的时候买的。虽然是没有跟的露趾鞋，却非常漂亮!
7 FABIO RUSCONI 的高跟敞口鞋 27000 日币
也有米色的同款。外形漂亮。跟高 7cm，但走路方便!
8 PELLICO 的皮革凉鞋 47000 日币
虽然贵，但是一见钟情于表现女人力量的设计。
9 SARTORE 的长靴 66000 日币
UNITED ARROWS 打折时，奇迹般地被发现! 基本款打折是在是少见，准备穿 10 年，买了它。
10 匡威 ×MARGARET HOWELL 的高帮运动鞋 13000 日币
鞋带不系到最上面，而是松松地系到下一段，发现松松地穿上竟然不会显胖!
11 FABIO RUSCONI 的便鞋 23000 日币
很有个性的鞋子。因为整体不是金属色，很容易搭配。

大爱横条纹!
一看见就欲罢不能

　　重新数了数,有10多件。单穿的,叠穿的,薄薄地当作内衣穿的,仅仅上衣就有七八件!

　　但是,横条纹,因过于普通,穿搭比较难……如果衣长过长,看上去会感觉上身长而胖,这时可以塞入衣摆。如果衣摆露出,有点短的话,就要选择横幅比较宽松的(上衣)。喜欢廉价实惠的我,在价格贵的店,多在打折时购买不错的款式。购买无印良品的男式大衬衫,因为可以改变长度,所以非常喜欢(62页穿搭)。

3

体现季节感的小装饰物
使用技巧

让平凡普通的廉价实惠穿搭体现出季节感的，是首饰或帽子等饰
物。亮闪闪的或是柔软的质感，不仅仅体现流行感，还可以提升
整体风格。200日币的耳环或是 1000日币的帽子，都是我穿搭中
不可缺少的配角。

装饰物系统分类，集中购买

如果买全各种颜色，
即使廉价也会有优雅之感

基本上简洁的服装比较多，所以有提升感的首饰是必需品。以做公司职员时购买的"好东西"，和朋友送的礼物为基调，连同廉价的价格购买的流行首饰，混着使用。

经常用的是大圈耳环，200日币（16,19）购买的。镀层掉落了，再买，可以多次使用。宝石系首饰是FOREVER21的。（15,20,22）虽然极其廉价，但是却显得很高档，非常喜欢。宝石大会过于夸张，所以选了小的。

相当廉价，但是金色系、银色系和石头的颜色相搭配，拥有这些色系，我想就会穿搭出优雅之感。

外出时，还有戴的眼镜。（26,27）要配不容易反光的眼睛用镜片。

....

现在喜爱使用中的首饰
1 TOVA 23000 日币
2 rada 18000 日币
3 CHAN.LUU 25000 日币
4 Lulu FROST 25000 日币
5 ANTON HEUNIS 18000 日币
6 agete 送的
7 BEAMS 10000 日币 送的
8 MARGARET HOWELL 12000 日币
9 FOREVER21 400 日币
10 手工制作（串珠和鱼线 贵和制作所）
11 H&M 590 日币 -
12 Deepa Gurnani 各 3000 日币
13 Spick & Span 3000 日币

14 SENSE OF OLACE 1500 日币
15 FOREVER21 200 日币
16 19 贵和制作所 200 日币
17 Anton Heunis 18000 日币
18 送的手工制作
20 FOREVER21 200 日币
21 海外购买 1000 日币
22 FOREVER21 300 日币
23 Miriam Haskel 15000 日币
24 SWAROVSKI(施华洛世奇)（送的）
25 杂货店购买 1000 日币
26、27 都是 Zoff 各 5000 日币
28 Jins 7000 日币

因为需要很多，包也要经济实惠

即使是合成革，
如果是简洁的设计也 OK！

因为服装不用太多的颜色，所以包就成为突显色差和装饰的配件。对我来说，包是装饰品。将包的颜色与手工制作的包带，作为像项链一样的使用元素，并斜挎在肩上。因为想醒目，如果只是形同的款式会索然无味，所以很想有很多流行的款式。当然，如果有很多质量不错的包包更好，但是不能如愿的我，购买了很多实惠的包包，循环使用。

首先看杂志上介绍和店里的包，有"这个颜色这个款式的很想买"的想法。决定后，在廉价实惠店发现后购买。因为在海外会遇到可爱的包包，因此多在海外购买。

廉价实惠，就会不断有新的款式上市。不要很在意合成革的面料。人造革等面料的包，价格便宜且质量不错的，那怕价格稍稍贵些有时也会买。重要的是长期使用。

· ·

现在大爱中的包包
1 饰梦乐 1800 日币 优雅穿搭的重要配角
   由于经常使用，已经变形，在海外购买了（第二代）新款，两个交替使用。
2 饰梦乐 1500 日币 可肩挎可手持，非常方便。
3 海外购买 4000 日币 做色差专用。细细的包带斜挎在肩上，看上去清晰明了。
4 L.L.Bean 5000 日币 短手带手提包的开放型。
   这个是小型的，两个 L 的中号的我都喜欢用。
5 手工制作 在 GU 发现男装的裤子剪短部分的手工制作。意外却非常好用，经常登场。
6 饰梦乐 1500 日币 人造皮毛的效果，用来装饰有点儿朴素简洁的穿搭。
   竟然是妈妈买的，送给我了。
7 H&M 1500 日币 用来做颜色搭配买的。恰到好处的装饰颜色大小。
8 海外购买 3800 日币 在服装上不太使用的大红色，但是如果是包的话可以毫不排斥，用来装饰。
9 饰梦乐 1500 日币 开口大包的手提型，和服装非常好搭，白＋黑。

塑造帅气感的帽子, 不可缺少

拥有毛线帽、礼帽、大盖帽三种，一年就 OK

女性化的连衣裙搭配礼帽，风衣和紧身裙搭配毛线帽，帽子不仅能加分，而且能增加整体穿搭的协调性。即使服装简洁，帽子和首饰也是亮点。（笑）

我经常用的是毛线帽、礼帽，还有优雅的大盖帽。夏天的礼帽，在这次的穿搭中多次登场。

毛线帽实际上是丈夫的，灰色的也是男式打折品。虽然是男款，但是颜色、款式都很理想，很满意。为防止有幼稚之嫌，颜色是纯色（单一色）。黑色腈纶的就好，（腈纶）灰色看上去容易显低档，买了羊毛的。

戴帽子时，要把头发扎起来。秘诀是，调整马尾的位置，以马尾稍稍露出帽子为原则。毛线帽的话，大多情况下不用扎头发。

现在大爱的帽子

1 WEGO 丈夫的 丈夫不在的时候，偷偷带上，感觉很不错。（笑）

2 UNITED ARROWS 3000 日币 很有质感的灰色，打折时买入。

3 GU 1000 日币 毡礼帽，在穿搭中增加帅气感。

4 IDÉE 4500 日币 纯白的礼帽，是我夏天出行的伙伴，今年依旧带它出行。

5 FERRUCCIO VECCHI 4000 日币 深蓝色的羊毛。质量好而且非常喜欢它的外形。TOMORROWLAND3 折!

百搭的内衣也可以经济实惠

优衣库和在海外购买的大背心，大有用处！都是基础色、无花纹

内穿的，即使不想外露，但为了在瞬间尽可能的被偶然看到，我常常穿的不是小吊带衫，而是吸汗大背心。因为从外面被看到的话，很优雅，我经常穿的是黑和灰。为了吸汗大背心不从 T 恤衫和上衣中露出，我选择后面和前面差不多一样的高度和宽度的汗背心。去年在优衣库发现就马上购入。冬天的内穿衣，和外衣一样的颜色，白色的毛衫里面是白色的吸湿保暖内衣，外衣黑色的话即使看见也不必在意与担心。

如果想外露内衣，那么有金色丝线的大背心，非常实用。薄薄清爽的面料里加入金色丝线，质量不错的光泽感。米色和灰色两种颜色穿搭，交替使用。从白色衬衫或是 T 恤衫外面隐约可见，觉得很不错。

现在大爱的大背心
左起
海外购买 2000 日币
加入细细金色丝线的针织跨栏背心。如果在日本的精品店购买好像要 5000 ~ 6000 日币。
优衣库 500 日币
优衣库的彩色针织跨栏背心，DARK GRAY 的品牌。面料是人造纤维和棉，所以很柔软贴身。
海外购入 2000 日币
和左端的金色丝线的针织跨栏背心颜色不同。
优衣库 500 日币
6 年前一直穿着，人造纤维混合，手感很好。

虽然是配角，但是要重视脚下的搭配

优雅的鞋子配上短袜
会有意外的特殊效果!

优雅的鞋子和短袜完美穿搭，会很有女人味，也会给穿搭带来新意。比如，如果袜子不能多次试穿穿搭，失败居多……黑色的袜子，因为便宜而购买，但是不喜欢。后来在 UNITED ARROWS 花了 1200 日币左右重新购买了一双。不同的白色和米色金丝线，因为非常喜欢而入手。如果一直谨记"这个面料可以用很久"来寻找适合自己的，那么即使廉价也不会购买失败。

袜子的话，有时会担心太过幼稚，但是如果浅茶色等基础色加入金丝线的话，还是很时髦的。能看到稍微露出的一点点横条纹，也很有流行感……不擅长穿搭袜子的朋友，我建议首先从敞口鞋、短靴、高跟鞋穿搭开始。

另外，冬天简洁的穿搭，紧腿裤也不可缺少。豹纹鞋配灰色是我的基础穿搭。

. . . .

现在爱用中的袜子，紧身裤
1 H&M 900 日币 格子紧身裤是提升过于简洁穿搭的重要角色。
2 西友 300 日币 脚下变轻的米色 + 灰色条纹。
3 Tutuanna 380 日币 匡威搭紧身裤是另一番惊喜。
4 UNITED ARROWS 1260 日币 黑鞋 + 黑袜 易于尝试，大爱的穿搭。
5 袜店 600 日币 很有视觉感的横条纹，如此数量就足以进行恰到好处的装饰。
6 UNITED ARROWS 1260 日币 有带子皮鞋配白色短袜，稍有甜美的穿搭。
7 GU 300 日币 男式鞋展示健康的高贵蓝色。
8 UNITED ARROWS 1260 日币 面料和长度都相当满意。有不同颜色的 3 双。
9 BLEUFORET 3000 日币 无论什么颜色都百搭的银灰色，非常方便。

围巾是季节变化的必需品

格子和豹纹的花色，
如果加上毛皮就足够

围巾真的是很方便，冬天用来防寒，春秋用来调节体温。只要有一条丝巾，不仅相当温暖，还可以为冬天暗色调的外衣配色，非常实用。冬天多用来在大衣内做成小而优雅的装饰，春秋多用来从上面松松的缠绕来享受大面积的修饰。

围巾，作为我喜爱的用品，想最先介绍给大家的是 Faliero Sarti。虽然价格在2万日币以上，很贵，但莫代尔丝的独特质感和上乘的颜色让我爱不释手。做公司职员时买的，已经有5年了，每年都在使用。微妙的浅茶色，我通过书才知道，我喜欢的造型师也喜欢同样的颜色。原来如此啊，我终于释然。

虽然也有其他花色，但是都放在娘家闲置着。今年，我也想挑战整整一年都能用的披肩，正在寻找中。

. . . .

现在爱用中的围巾

1 ZARA 15000 日币 很重的分量，真的只要披在身上就足以感受温暖。
初春和入秋装入包中随身携带。

2 Glen Prince 14000 日币 传统的格子，苏格兰的编织品牌。很想要红色（线）的格子，
寻找廉价商品中。

3 Faliero Sarti 25000 日币 非常柔软的莫代尔丝。柔和的颜色无论任何颜色的服装都百搭。
搭配度超群！

4 旧衣店购买 1000 日币 复古风的丝巾是在京都的旧衣店"Chicago"买的。精品店的话有
时也要 1 万日币以上……。做头饰或是系在包上，都非常不错。

5 ALTEA 10000 日币 即使对豹纹拒绝，披肩或是鞋子的话，也是很容易穿搭的。

6 再改造 0 日币 un dix cors 外套帽子上带的，拿下来再利用的毛领。因为是假的，头发的发蜡
会把它弄的硬邦邦的，很快就变得不能用了，想想还是真正的毛领好啊。

围巾的缠绕方法 1

有男人味的三角缠绕，非常有存在感

把披肩的角折成三角形顶点的缠绕方法。大的披肩可以重复折两次。整体松松的，有立体感，即使是廉价的披肩也略显高级。

1 一般，都是绕颈一圈缠绕。请调整好，不要系过多堆在脖子前。

2 一端前段的一部分和另一端的整体系在一起，系紧就可以。

3 整理一下，使之成为自然的三角形，完成。

1 只留有少量长度，把多余长度的披肩绕2层或3层。

2 系好两端，系紧就可以。

3 稍稍斜斜地扭转打结处，用手指抓出立体感。

围巾的缠绕方法 2

▎稍稍斜斜地扭转打结处，就增加了流行感

　　极其普通的缠绕方法，但是打结不是在中央，而是斜斜的，显得有女人味和流行感。毫无造作的自然感，廉价 T 恤衫也极配。

围巾的缠绕方法 3

▌活用大幅披肩，
▌扭转缠绕

在电视上男造型师做的缠绕方法。不牢牢地系紧，有意识地松松地缠绕就好。因为厚披肩会有臃肿感，春夏季建议用薄面料的。

1 把披肩对折搭在脖子上

2 单侧一面的一端插入相反方向的环内。

3 插入的一端置于上方，手伸入环中扭转。

4 用伸入环中的手抓住另外一端，拉进环中。

简洁的连衣裙
瞬间转变画风

　　折成三角形的丝巾披在肩上，在胸前松松地打结。平淡的衬衫连衣不是很显优雅吗？尝试一下针织连衣裙或是手工编的，我想都会不错。

丝巾的用法，挑战两种类型

仅仅是随意的打结，
就让包包拥有华丽感

　　不仅仅系在脖子上，丝巾作为包的装饰也十分可爱。将丝巾斜着折成细细长长，自然下垂的样子然后随意地打结。如果是小款的包，系成丝带状，我想会更漂亮。

丝巾作为
头饰的挑战

简洁搭配
显流行的
卷丝巾讲座

　　不仅仅是 T 恤衫搭牛仔，
如果头上系丝巾的话，不是更
显流行吗? 看到店里的营业员
将丝巾很可爱地绕在头上，但
是一直没有请教的机会……独
自私下练习了 N 次! 正方形的丝
巾斜斜地折成细长，当然细长
的丝巾当然也可以。

1 从脑后向前，如照片在头顶部，重叠。

2 原地扭转一次，尾部在脑后打结，完成。

3 正面如此感觉。

派对时
使用的亮闪闪的发箍

在 ZARA 买的人造钻石的
发箍戴在平日的束发上，可以随
时更换出门模式。

我的流行法则

我的束发方法

我的头发是自然卷，因为难造型，
所以一星期一半以上都是这种发型（笑）。
直发的朋友，可以稍微缠绕或是试着竖起头发，我想轻柔柔的造型比较容易。

1 手拿橡皮筋，手指如梳子
状张开插入头发。

2 橡皮筋从发根，连同发梢
一同缠绕。

3 橡皮筋再一次扭转缠绕，
扎紧。

4 用手指拉头发做出圆圆的
发型。

5 手指插入发髻，拉出头发，
使头发蓬松状。

6 完成。发髻的高度请根据
服装穿搭来调节。

C O L U M N

每年一次前往首尔购物，经济实惠的东西多多！

　　5 年前第一次去就成瘾。可爱的服装和小东西, 真的很便宜! 结婚住在首尔的友人处, 博客的读者告诉我导游册子上没有的可爱店铺。

　　今年3月也去了, 在明洞和东大门尽情享受购物。一直关注的红 & 蓝的包包和骑士皮夹克也入手了。虽然只有1000 韩币, 即 104 日币左右, 却极有收获满足感。我推荐的是明洞的 NOON SQUARE, 有差不多 5 层楼左右的服装柜台。还有, 高速汽车站的地下街, 3000 日币左右的软皮和皮草风格的便鞋有很多。

4

经济实惠的
Yoko 聪明购物法

购物对月预算和衣橱都有限的我来说，是一场智慧和方法的胜负之战。以前去店里购物，要么是"这也想买，那也想买"，大脑混乱，结果一无所获；要么就是冲动购物的失败。有了如此反复的经历，终于有了自己独特的购物方法。

PLANNING

购物前，充分做好调查，设定计划

不是流行专家的我的流行基本法则是，直奔要点"模仿"！看很多杂志和网上的穿搭，想着置换现有的服装。让人心动的穿搭效果，用现有的服装无法搭配时，那就是有必要更换了。

VERY 和 *BAILA* 时装杂志书是我的参考书。换季的时候买若干本，反复参照学习。另外，在 TOMORROWLAND，DRESSTERIOR，UNITED ARROWS，Spick & Span 等喜欢的店，从外形到营业员的穿着，小饰物的使用，鞋子的穿搭，都仔细观察。明确自己到底想要什么样的穿搭，需要买什么样的服装。尽可能具体到颜色、款式、面料。

另外，非常熟悉自己的所有服装是非常重要的。我总是早早地在将要换季的时候确认当季的服装。这样的话，就可以防止冲动购买后（我有相似的服装……）的悲剧。

确定好自己想要买的服装，做好购买清单，然后就去最时髦的店！事先，最好要预见在什么店买什么会比较好。用廉价无法购买的，不能委曲求全的，就利用打折季去买。我的时髦外套大衣、毛外套、羽绒服等长期穿着的基础款外衣，基本全都是打折购买的。

Yoko(我) 的购物原则

原则 1

熟悉自己的所有衣物

原则 2

根据杂志上和向往的店里看来的穿搭，
来决定模仿的穿搭

原则 3

确定必要的、想买的服装具体细节

原则 4

预见在哪家店购买什么

原则 5

试穿时，选择计划穿搭的服装

原则 6

如果没有廉价实惠品，可以充分利用打折活动

S H O P P I N G

介绍我经常光顾的店和选购方法

优衣库

▌购置看上去显高档的基础款

　　牛仔裤、衬衫、毛衫等极其基础的款式，大体上在优衣库可以找到。特别是瘦腿裤，极其合身又易于活动，我竟然有 3 条不同的颜色。毛衫的品质物超所值，我想在其他时装店是找不到的。离的最近的车站附近有家优衣库店，和丈夫外出时一定顺便去看看的（笑）。

　　我多数选择无花色的纯色，除了横条纹和水珠纹基础款，基本上不买其他花色的。

　　时装杂志上发表的文章，因为是我坦诚的建议，所以一定被确认。

服装也好，包包也好，发掘的东西有好多。

不管怎么说，因为东西太多，回娘家总是和妈妈分工"这个怎么样？""不错诶"凭着这样的感觉去发掘，淘了很多东西。

绢丝纱裙和很有当下流行感带 Logo 的 T 恤衫等，当季的服装却可以用难以置信的价格买入。每款只有少量，不容易和他人撞衫，是其魅力所在。特别喜欢带 Logo 的 T 恤衫有弹性效果的面料。有"这种是我想要的啊！"想法。如此款式的存在，让我乐此不疲。

饰梦乐

H&M

确认流行元素和花纹，也不放过装饰品

如果是买流行的，首先要选 H&M。在杂志上印象中有完全一致的穿搭，廉价的在这里都可以找到。优衣库和饰梦乐没有的个性服装，仅有国外的设计，这里有很多有个性的服装，因此不会和别人撞衫。

Party 上也能穿的连衣裙和女人味的罩衫，我在这里买的比较多。

其魅力所在之处还有，就是首饰和包有很多。即使一并购买服装、耳环和手镯，因为非常便宜，也不会成为负担。

在这里寻找基本元素。
特别是衬衫尤为出众

　　无印良品的基础元素变化相当丰富，是其他流行时装店所没有的。无印良品在我心中稍稍有些贵。如果在其他店，看到的衬衫，无论如何和想要的不一样，相信无印良品的衬衫，在这里总能爱不释手。我现在爱用中的水洗棉衬衫、外穿羽绒背心，就是在无印良品偶遇买到的。

　　在无印良品逛杂货，总会不知不觉去看服装，对想要的服装，有时会在无印良品店9折集中购买关注已久的服装。有XS码，推荐给身材娇小的朋友。

无印良品

GAP

尺寸（号码）丰富，可以找到适合自己尺码的衣服。独特的颜色也是其魅力

在优衣库和饰梦乐选衣服，即使选 S 码的，也相对宽松（肥大）。GAP 有 XXXS 码的，在这里可以找到适合自己尺码的衣服。同样尺码，这个价位的牛仔衣，在其他店是找不到的。这里还有其他流行时装店完全没有的漂亮的优雅颜色。在白和灰基础色较多的我的行头里，嫩粉牛仔裤的出现，让穿搭非常方便。

休息日和大型节假日多为 4 ~ 5 折。有想买的，我就等待打折。

如果喜欢 FOREVER21 和 TUTUANNA 的品牌也可以尝试男款

有人说 FOREVER21 是太偏向于年轻人的，但是如果仔细淘的话，一些简洁的服饰会吸引我。蝙蝠衫等稍稍有些流行的东西是其魅力所在。男款也多样丰富，如果喜欢款式的话，我多会买 S 码的。

在 FOREVER21 还可以买到首饰，可爱的耳环和手镯只有几百日币。把它们和我做公司职员时买的昂贵的首饰混在一起，毫无违和感使用至今（笑）。体型裤是在 Tutuanna 和 copo 的袜子专卖店购买的，如果在 H&M 没有找到中意的服饰，顺便就去 ZARA 专卖店。

FOREVER21、
GU

从博客开始，收获多多，真的不错。

初登博客的照片。露出脸部真的是很不好意思（虽然现在也很害羞），那时候比现在的头低很多。

最近的博客照片，虽然头也是向下，但是不是和从前不一样了呢？照片是我利用 IP 自拍的。

　　开始，开设博客的初衷，是我自己通过流行穿搭享受开心，通过发出的流行的信息，向朋友们传递一些流行信号而已。虽然辞职离开了服装界，但是我想我能做的毕竟还是时装。

　　因结婚，2012 年从出生地京都来到东京。初来乍到，能否和丈夫两个人生活顺利，能否喜欢上东京，能否有朋友，等等，都是满满的不安。

　　但是，开始博客，承蒙很多朋友的阅读，仅仅是暖暖的留言和各种信息，就让我非常地安心。满满的幸福感！还有，通过博客，我邂逅了各种各样的朋友。

其中的一个朋友雫（几乎是 100 日币的美甲）（http://ameblo.jp），是介绍用百元店的指甲油和贴纸美甲的朋友。拜她所赐，我开始美甲并不断练习。虽然还差很多，不过变得可以挑战至今从未用过的颜色，连自己都很吃惊。

"让我想挑战新的流行"，看到来自博客朋友的留言，我真的很感动。我的真的不值一提的博客，连大家人生的 1mm 都算不上，但是大家却通过那 1mm 开始新的尝试，一下子有这么多一起努力的朋友，真的很幸福。

从现在开始，我会更加努力地学习实惠流行穿搭，向大家传递信息。让我们成为朋友。

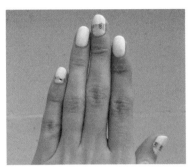

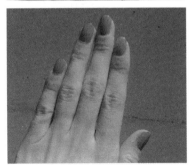

从雫那儿学来的，挑战自己美甲。自从看了雫的博客，就自己在百元店买指甲油。仔细看会有很多竖条纹，大致看看吧（笑）。

Yoko 的个人小照

也很想让大家看到这样的穿搭！

蓝横条纹搭黑色，帅气

柔和派系横条纹＋黑色，是我的基础搭配色。我很喜欢夏天穿黑色，因为全身黑灰看上去很沉重，所以就这样搭配。

....
连衣裙 H&M
披在肩上的开衫 无印良品（男装）
帽子 IDÉE
包、帆布鞋 海外购买

眼镜竟然意外地成了装饰

最近具有人气的黄色衬衫和瘦腿裤的简洁组合。挂在胸前的眼镜不经意地成为蟒蛇花纹的芭蕾鞋的点缀。

....
衬衫 GU
裤子 优衣库
手持夹克 ANGLOBAL SHOP
眼镜 Zoff
手表 送的
鞋 H&M

蕾丝是温柔女人味的穿搭

看上去有点儿贵的类似大背心是 H&M 的，3000 日币左右。与很喜欢的粉红色裤子穿搭，有一点点少女的气息。

....
上衣 H&M
裤子 GAP
项链 友人手工制作
包、手镯 Spick & Span
凉鞋 海外购买

享受成人感的白裤

裤子是 6 年前买的，有些不太合身。因为白色裤子没有流行与过时之说，所以感觉即使是以前的东西也好用。全身白，显示成熟感。

....
毛衫 Ralph Lauren（送的）
裤子 DRESSTERIOR
包 Spick & Span
手镯 H&M
凉鞋 海外购买

用牛仔外套穿搭女人味十足的短裙，带来另类感觉

最初只是牛仔外套和蓬松的短裙穿搭，感觉到总是缺少些什么，于是把横条纹针织服当作装饰披在肩上。牛仔外套的袖子当然要卷起！

....
牛仔外套 GAP
短裙 Spick & Span
眼镜 Zoff
紧身裤 在大阪购买
鞋 FABIO RUSCONI
搭在肩上的上衣 H&M
包 MARCO MASI

全身一个色调期待细节效果

统一一色调用小饰物来增加色差，是我的基础穿搭。短靴和牛仔裤间可见脚裸，即使初春和入秋也可以大显身手。

....
衬衫·裤 优衣库
包 海外购买
眼镜 Zoff
手表 丈夫的
短靴 L'autre Chose

这次虽然没能刊登，用快照来送给大家我喜爱的穿搭。

我非常喜欢横条纹……（笑）。

还有，我发现眼镜竟意外地成为装饰！

活用超便宜短裙，绝搭！

短的横条纹上衣配蓬松的短裙毫无疑问是绝搭！这个喇叭裙是在 GU 1500 日币左右买的，非常喜欢。

上衣 UNITED ARROWS
裙 GU
项链 Lulu FROST
凉鞋 PELLICO

用上下黑色棉布来做组合穿搭

在所有黑色上增加鞋和包的茶色。因为黑色没有细微的颜色差别，所以其他品牌的服装也可以用来做组合穿搭！

上衣 优衣库
裙 H&M
包 MARCO MASI
手链 CHAN LUU
鞋 H&M

布头，活用围巾！

ZARA 的长裙特别长，所以卷起腰部部分内折。围巾是在布店买的横条纹布头原封不动地缠在脖子上而已。

皮上衣 海外购买
裙 ZARA
眼镜 Zoff
手镯 手工制作
运动鞋 匡威
包 L.L.Bean

最近看中的 690 日币的 T 恤衫

看中 GU 的 T 恤衫，有华丽的文字，和恰到好处的剪影画。也受到时髦朋友的好评。夹克衫是优衣库旗下的 Ines 的。

夹克衫 优衣库
T 恤衫 GU
裤 饰梦乐
包 海外购买
鞋 FABIO RUSCONI

无印良品和优衣库的打折品，装扮休闲马甲！

背心 + 衬衫 + 牛仔裤的休闲风组合，来打破手包和高跟鞋还有亮闪闪的首饰带来的柔美。大爱如此穿搭。

羽绒背心 无印良品
衬衫 UNITED ARROWS
裤 优衣库
眼镜 Zoff
耳环 ANTON HEUNIS
包 海外购入
鞋 FABIO RUSCONI

绢丝纱裙搭配的秘密技巧！

有一条和白色不同颜色的饰梦乐的绢丝纱裙。稍稍有些透明，就和 H&M 的紧身短裙叠穿。

衬衫 无印良品
裙 饰梦乐
帽子 IDÉE
鞋 FABIO RUSCONI

Yoko 的个人小照

享受情侣穿搭的乐趣！

喜欢廉价实惠，丈夫毫不逊色于我。

两人一起外出时，着装前必确认"今天穿什么"

**横条纹＋浅色的穿搭，
毫无造作的搭配**

两人都喜欢横条纹，偶尔会
一起穿着。我的水粉色裤和
丈夫的青年布的夹克衫，很
配的色差。

· ·

我： 上衣 H&M
　　 裤 GAP
　　 包 MARCO MASI
　　 手镯 Spick & Span
　　 鞋 FABIO RUSCONI
丈夫：夹克衫 GU
　　 裤 GU
　　 T恤衫 TOMORROWLAND
　　 (直销店)
　　 鞋 Paraboot

稍显优雅的短裤穿搭

两人都是短裤，很和谐。我的短裤是优衣库的大甩卖，丈夫的是 4～5 年前买的，自己修剪长度后穿的。

我： 罩衫 SHIPS
　　 短裤 优衣库
　　 包 Spick & Span
　　 手镯 H&M
　　 凉鞋 PELLICO
丈夫：衬衫 GU
　　 短裤 UNITED ARROWS
　　 （剪短，改造）
　　 鞋 new falcon

家庭宴会日，稍许正式的穿搭

朋友来之前一起去超市购物，因为丈夫负责拎包，所以我是手拿包（笑）。丈夫的衬衫是在旧衣店淘的（UNITED ARROWS）。

我： 上衣、短裤 都是 H&M
　　 包 海外购买
　　 鞋 FABIO RUSCONI
丈夫：衬衫 UNITED ARROWS
　　 （二手）
　　 短裤 UNITED ARROWS
　　 （剪短，改造）
　　 鞋 VANS

平底皮鞋 & 蓝色组合清清爽爽

丈夫优衣库上下装配上在旧衣店淘到的 1000 日币 REGAL 的平底鞋，全身 3000 日币！我的服装也仅仅 2200，超便宜的夫妇穿搭。

我： 衬衫、短裙 都是 H&M
　　 包 Spick & Span
　　 平底鞋 UNITED ARROWS
丈夫：T 恤衫、短裤 都是优衣库
　　 懒人鞋 REGAL（旧衣店购买）

浅茶色羽绒服和棕色靴的组合搭配

因为很像情侣装，衬衫就试用红色和蓝色。红色的衬衫也是丈夫的（笑）。丈夫除了毛衫之外都是二手！能淘到便宜的好东西也许是天才！

我： 羽绒服 un dix cors
　　 毛衫 LADY LUCK LUCA
　　 衬衫 GU（男式）
　　 裤 优衣库
　　 靴 SARTORE
丈夫：外套 MACKINTOSH
　　 毛衫 GAP
　　 衬衫・裤 旧衣店购买
　　 鞋 Paraboot

太过于情侣装的横条纹

丈夫的上衣是西友打折的，1000 日币！我们都是如此穿搭出行，如果觉得过于情侣装的朋友，可以试着分别穿着。（笑）

我： 上衣 优衣库（男式）、
　　 夹克衫・裤 都是优衣库
　　 项链 CHAN LUU
　　 鞋 FABIO RUSCONI
丈夫：外套 MACKINNTOSH（二手）
　　 上衣 西友
　　 裤 A.P.C
　　 懒人鞋 REGAL（旧衣店购买）

旅游鞋暗生情侣气氛

从早上就很热，两个人就只能穿成这样（笑）。丈夫很少有上下装都是原件购买的（很好的服装）。因为很喜欢，已经穿了 3 年了。

我： 连衣裙 UNITED ARROWS
　　 （旧衣店购买）
　　 旅游鞋 匡威 ×MARGARET
　　 HOWELL
　　 包 海外购买
丈夫：T 恤衫 Velva Sheen
　　 短裤 UNITED ARROWS
　　 旅游鞋 New Balance（二手）

给我时髦启示的朋友们的小照

我也只不过想模仿穿搭。

大家从事自己的工作和做自己喜欢的事情，真的是很棒。

共享流行信息，每次相遇都让我收获颇多。

我 经常光临我博客的 Hakase 酱。佩服她对流行、对任何事情的热衷研究。在捕捉流行的同时，对不流行的基础也很擅长。

旅 大爱旅游的奈何小姐。世界各地旅游，寻找即使在日本毫无违和感能使用的元素，并非常擅长使用。在基础元素上，加上旅行地的特色元素，有个性地穿搭。

我 我开始流行服装顾问工作时给我机会的千佳小姐。非常清楚适合自己外形的穿搭，成熟休闲风的成功兑变。

元 元售货员的藏小姐的美腿是我永远的梦想。她不限于品牌，在一定的场合，选择适合的时髦穿搭的秘诀，对我影响很大。

旅 喜欢流行多为简洁色调的温美小姐，她虽然不做冒险的尝试穿搭，但最近也购买廉价实惠的服装，加入鲜艳颜色的元素！

饰 非常温柔、值得信任的优先生。虽然简洁，但是有设计感的衣服上，用小饰物来做装饰是他的基调。随心所欲的颜色搭配，总是让我学习。

郁 郁小姐和源平夫妇都是我大学时代的朋友。用豹纹和迷彩来链接彼此，太帅了！身材超群，无论何种穿搭都干净利索，让人羡慕！

美 不仅仅是流行，室内装饰、料理等审美感超群的彩小姐。以中意的浅灰为基调，加入造型和随意，非常不错。

结束语

非常感谢您的拜读。

如果能对您穿搭有稍许的帮助，我荣幸之至。

我的流行，完全是自己研究出来的自己的流派……

正因如此，虽然失败，受益于来自博客读者的建议和信息，为了更好的下一个穿搭，每天学习中。

一边受益家人、朋友，还有读者以及大家的帮助，一边一步步向前行进。

这次，在编辑此书之际，让我经历学习很多。

做模特时我的美发师给我梳头发、在流行杂志活跃的摄影师教我摆姿势，（因为我，得到他们的帮助，真诚感谢！！）虽然是鞠躬的回忆，但是是非常开心的体验。

借此机会，向大家表示我的感谢。

虽然我还差得很远很远，还缺乏经验，但为了更好的穿搭，我会努力！

还有，我还会向大家发送流行信息……

敬请大家期待吧。

那么，下次见！

Yoko

图书在版编目（ＣＩＰ）数据

时髦实惠百变穿搭术：日本第 1 时尚博主教你百变造型 /（日）约克（Yoko）著；李鹏译 . -- 上海：东华大学出版社 , 2018. 1

　　ISBN 978-7-5669-1308-1

　　Ⅰ . ①时… Ⅱ . ①约… ②李… Ⅲ . ①服饰美学－通俗读物 Ⅳ . ① TS941. 11-49

中国版本图书馆 CIP 数据核字（2017）第 275432 号

Yoko の プチプラ·コーデ術
Yoko NO PUCHIPURA KODE JUTSU

版权登记号：09-2017-113

责任编辑：竺海娟
版式设计：赵　燕
摄　　影：福田秀世（人物）　小寺浩之（静物）
摄影助理：大久保裕文（Better Days）
美　　发：渡辺みゆき
设　　计：野網雄太（Better Days）
原书编辑：松尾はつこ

时髦实惠百变穿搭术——日本第 1 时尚博主教你百变造型
Shi Mao Shi Hui Bai Bian Chuan Da Shu

著者：（日）约克（Yoko）
译者：李鹏
出版：东华大学出版社
　　　　（上海延安西路 1882 号　邮编：200051）
天猫旗舰店：http://dhdx.tmall.com
营销中心：021-62193056　62373056　62379558
印刷：上海盛通时代印刷有限公司
开本：890mm×1240mm　1/32
印张：4
字数：300 千字
版次：2018 年 1 月 1 日
印次：2018 年 1 月第 1 次印刷
书号：ISBN 978-7-5669-1308-1
定价：32. 00 元